萌萌的绿植手作

[日] 鸭下文惠 著

刘馨宇 译

北京出版集团公司
北京美术摄影出版社

目　录

第 1 章

15分钟
搞定杂货组合

鲜花·盆栽·多肉植物与小点缀
这一部分，我们将一起用身边的闲置小物来完成
一些简单的手工制作。
每个例子大概需要15分钟，部分作品可以亲子
共同完成。

浪漫的八角
自然风磁铁贴

享受身边的素材，轻松制作自然风的磁铁贴。平淡无奇的家电，金属支架，只需一个简单的磁铁贴，便立刻散发出阵阵自然气息。

制作时间
10分钟

再利用材料

孩子也可以参与制作

制作方法

1 准备若干八角调料，与八角大小相似的纽扣。
纽扣的材质不重要，但因为要将八角磁铁贴粘在纽扣上，因此推荐选用表面较平的纽扣。

2 将八角粘在纽扣的表面。
注意不要让黏着剂溢出八角的位置。

3 在纽扣的背面粘上磁铁。

材料

磁铁贴：磁铁的两面都带胶

调料：八角，本次案例的主角

纽扣：选择比八角略大的纽扣，本次案例选用的是直径为3.5厘米的纽扣

道具

黏着剂：推荐选用强力黏着剂

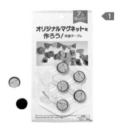

小 贴 士

**粘贴或摘取八角
时要握住纽扣**

八角易碎，使用较大的纽扣可以避免平时拿磁铁贴时触碰到八角，推荐使用。

纽扣的材质、花纹多种多样，可根据喜好选择。八角可以在超市调料处买到，也可以在部分手工店买到。

为礼物添一抹绿色
礼品包装盒上的
常青藤

制作时间
15分钟

可作礼物

阴凉处

将新摘下的常青藤轻轻绑在礼盒上，为礼盒穿上一件美美的嫁衣。截取的常青藤浸入水中即可生根，所以这可不仅仅是个一次性的装饰哦！

制作方法

1 根据需要，剪取一定长度的常青藤。想要打造较华丽的效果时，可以选用较长的一段常青藤或剪取2~3枝常青藤。想营造简约效果时，只需剪取大概可绕礼盒盖一周半的长度即可。

2 将常青藤盘成圈，用铁丝轻轻固定住。 小贴士

3 用礼品丝带或蝴蝶结将常青藤固定在礼盒上。

※常青藤剪下一段时间后就会蔫软，因此制作好礼盒后要尽快送出。

材料

常青藤 1份
细铁丝 2份

道具

剪刀

右页图片中的植物

（P9 从左前方开始顺时针依次为）
迷迭香
常春藤（绿色／金色）

小贴士
常青藤固定方法
盘好的常青藤要用铁丝如图固定，尤其是固定圈数较多的常青藤，拧的遍数也要相应多一些。注意固定常青藤的铁丝要尽量拧成圈状，防止刮伤常青藤。

除了使用常青藤，还可使用
迷迭香，在送出绿色的同
时，送出一缕清香。

花盆的完美配饰
蛋糕模具制作的
植物名片

用黑色卡纸制作可爱的植物名片。插好名片后，只要将名片周围的土按实，就不用担心照料植物时会影响名片的位置咯。

制作时间
15分钟

再利用材料

孩子也可以参与制作

制作方法

1 将蛋糕模具扣在黑色卡纸上，用铅笔在卡纸上描出蛋糕模具的形状。

2 如图，在描好的模具形状下画出插入土中的部分（宽约1.5厘米，长约8~10厘米），画好后，沿着花的边缘剪下。注意，可以先剪出大概的轮廓，然后再细致剪裁。

3 用直尺在插入土中的部分中间画一条直线，然后沿着直线对折。
小贴士

4 将对折好的卡纸插入土中即全部完成。

材料

黑色卡纸 **1**
蛋糕模具 **2**

道具

剪刀
直尺
彩色铅笔

右页照片中的多肉植物

（P10 从左前方开始顺时针依次为）

吉娃娃　乙女心　吉娃娃
姬红花月　黄丽

小贴士
**用剪刀用力
划出折痕**

用剪刀划折痕时要用力，这样才能划出折痕。但不要用力过猛，避免将纸张划破。

可以根据自己喜欢的形状，
选择可爱的蛋糕模具哦！

挂在窗边的
天鹅形水晶挂坠

制作时间
15分钟

可作礼物

天气正好的午后，在水晶球的反射下，整个房间都因为这个小挂饰而闪起浪漫的微光。且本次选用的素材都很轻，所以不用担心会伤到植物。让我们来一起制作美丽的水晶挂坠吧。

制作方法

1 剪取适当长度的铝丝，并拧成天鹅形状。
本书照片中的天鹅挂坠截取了**20厘米左右**的铝丝。
可以先在纸上画出天鹅的形状，再按照其形状拧铝丝。 小贴士

2 剪下多余的铝丝。

3 将鱼线穿过水晶球的小孔，并如图打结，做一个可以挂的圈。

4 将鱼线系在做好的天鹅挂坠顶端，并挂在绿植上。

5 将步骤 **3** 做好的水晶球挂在天鹅挂坠上。

材料

鱼线

铝丝：直径2毫米左右

水晶球挂坠：需带有可以穿鱼线的小洞 2

道具

剪刀
钳子

小贴士
事先在纸上画出轮廓

推荐先在纸上画出天鹅的形状，然后按照纸上的形状拧铝丝。注意最好一次性将铝丝拧完，以免多次拧动，导致出现棱角。

也可以做几个天鹅挂坠并连
在一起做挂饰，铝丝较软，
所以操作起来很方便。

用水晶泥打造
浪漫的鲜花烛盘

制作时间
15分钟

阴凉处可

孩子也可以参与制作

球状水晶泥在生活中常被用来养花，近来还出现了果冻状水晶泥。将这种水晶泥好好运用，便可以用来盛花，也可以用来作当摆礼物的小盘子。

制作方法

1 按喜好选择两个盘子，将小盘子叠在大盘子上，并在小盘子中间摆放一支蜡烛。要注意蜡烛和小盘子尺寸的选择要适当，以保证有足够的空间来铺水晶泥。小贴士

2 在蜡烛的周围铺好水晶泥。当只能买到球状水晶泥时，可在开封前将水晶泥压碎，这样更有助于常青藤和鲜花的摆放。同时，还可选用两种颜色的水晶泥搭配使用。

3 将鲜花和叶子按进水晶泥里。平日的打理方法和水生植物相同。

材料

蜡烛：推荐使用较粗的蜡烛
园艺用水晶泥
鲜花和观叶植物
大盘子：本次使用的盘子直径为27厘米
小盘子：用来盛水晶泥和蜡烛，本次使用的盘子直径为17厘米

道具

剪刀

右页照片中的植物

常青藤　三色堇

小 贴 士
百变搭配，各异组合
通过搭配不同材质和颜色的盘子，
来实现各种各样的搭配风格。

可以用自己家中的鲜花和观
叶植物，也可以购买市面上
的小份装植物。

盖住土面的装饰
多肉植物与积雪

这次我们来给冬天躲在室内的多肉植物做一点儿小点缀，让人感觉仿佛有厚厚的积雪覆盖在上面，而且可以挡住土面哦！

制作方法

1 用棉花将花盆里的土盖起来。

2 将珍珠针插入棉花并刺入土中，直到钢针部分全部隐藏在棉花中为止。注意珍珠针的排列不要过于规则，要随机一些，营造自然的氛围。小贴士

※室内养殖注意事项：

多肉植物原属室外养殖植物，近年来常用作室内装饰，在室内培育。

在室内养殖多肉植物时，尤其要注意光照条件。要将多肉植物摆放在有阳光的窗台上，且时不时要拿出房间晒太阳。

要避免多肉植物受到阳光直射，因此盛夏时要把多肉植物移到阴凉处摆放。

材料

多肉植物
手工棉
珍珠针

右页照片中的多肉植物

花月夜

小贴士
稍微露出一点儿顶端珍珠装饰

本次选用了浅色系珍珠针，营造出淡雅的感觉。可以通过不同颜色的珍珠针的组合，打造出不同的风格。

只需一点儿小点缀，普通的多肉植物就立刻变得不一样了哦！

学会打麻绳结
制作麻绳挂饰

麻绳挂饰是对初学者来说超友好的手工，常被应用于各种室内装饰。麻绳质感粗糙，用作挂饰吊绳不易松落，再通过调节小花瓶的高度，来营造不同的美感。

制作方法

1. 选取一定长度的麻绳，如图在绳子的中间做两个小圈，将两个小圈的一部分重叠，并套在瓶口上。套好后将绳子拉向两边系紧。
   小贴士1

2. 将系好瓶子后的麻绳两端系紧，并用S形挂钩挂在窗帘索道上。注意调节瓶子高度，要高低交错，推荐一组挂3个瓶子。

3. 依照喜好制作流苏。流苏整体长度约10厘米，按照想要的粗细程度，截取一定长度的麻绳，并来回折叠成流苏的形状，推荐折叠50~60次。最后另取一根麻绳穿过系好的麻绳顶端，并系好，麻绳长度可根据个人喜好进行选择。这段绳圈，作为最后挂在瓶子上用的麻绳圈，挂在瓶子上。之后将麻绳顶端用另一段麻绳如图系好。
   小贴士2

4. 将步骤3做好的流苏底部剪开，并将其剪齐，最后在顶端穿几枚珠子作为装饰。一个好看的流苏就做成了。

制作时间
15分

阴凉处

再利用材料

材料

瓶子：瓶口可以绑住挂绳的瓶子，如图 1
流苏用麻绳团：本例选用的是直径为10厘米的麻绳团 2
麻绳 3
塑料珠 4

道具

剪刀
10厘米左右的纸：用来做流苏的衬纸

右页照片中的植物

铃兰

小贴士

1 麻绳圈重叠注意事项

重叠麻绳圈时要注意，右侧麻绳圈在上，将重叠（图中阴影）部分套在瓶口。只要做到这点，就可以打一个紧实的结。

2 穿过挂绳后再做流苏头

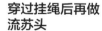

将麻绳以10厘米左右的长度折叠好后，首先穿入一段麻绳作为挂绳，再将其顶端用另一段麻绳系好制成流苏的顶端。如果顺序反过来，容易导致麻绳纠缠或者麻绳难以穿入流苏顶端的情况。

因为有时是从下向上看挂饰的，
因此可以选用一些向下垂的小花
作为挂瓶中的装饰。

步骤极简的浪漫礼物
密封罐里的花花世界

这次我们要用人气越来越高的果酱瓶，来制作优雅的杂货装饰。我们要将干花和香氛小物放进果酱瓶中，摆在卫生间或者洗手池边，让香薰变成一件浪漫的事。

制作时间
10分钟

可作礼物

再利用材料

制作方法

1 在果酱瓶底放入永生青苔草，将除蝴蝶结之外的所有小物用镊子放入瓶中。可依自己喜好的顺序放入，但要注意美感和搭配。 小贴士

2 用镊子调整小物的位置，盖好盖子，系好蝴蝶结。注意蝴蝶结的位置不要在正前方，要稍稍向侧面偏一点儿。

材料

果酱瓶：要选用盖子带有吸管孔的瓶子
瓶中小物：干花　假花　工艺小摆件
◀1
蝴蝶结
永生青苔草
芳香蜡（推荐喜欢香氛的人使用）
◀2
吸湿剂或干燥剂：放在较潮湿的环境时，可以防止干花受潮 ◀3

道具

镊子

小贴士
协调的美感
——成功的秘诀

想做好这个香薰瓶，首先要注意色系的统一，否则会因为颜色过多显得很乱，不过可以选用少量颜色浓烈的小物作为亮点。另外，小物的摆放不要过于规整，要尽量自然，如此即可打造出更好的效果。

瓶中小物的选择在这次手工
中显得尤为重要。另外，多
余的干花还可以用于其他多
种用途哦！

复古风里的一抹秋意
叶片灯罩

制作时间
10分钟

孩子也可以参与制作

到了秋日，街道上随处可见美丽的落叶，这次我们就要用这些落叶制作灯罩，呈现出仿佛来自上个世纪的柔美灯光。

制作方法

1　将捡来的落叶夹在书中，并压在重物下3周左右，就可以制成风干叶片。只要树叶中的水分被纸张完全吸收，变得平整即可。
　　小贴士

2　设计风干叶片的搭配组合。叶片的数量、大小都可根据自己的喜好进行选择，推荐选用2~3枚叶片，注意不要贴得过于分散。

3　用胶棒在风干叶片的背面涂一层厚厚的胶。注意，涂的时候要用手轻轻按住叶片，防止叶片被撕扯坏。

4　将涂好胶的叶片按照设计好的方式粘在灯罩的内侧。

※为防止灯泡过热，一定要选择LED灯。

※要选用内侧有塑料层的灯罩，日后方便将风干叶片剥落。

材料

落叶若干：本例选用的为银杏叶和枫叶

道具

胶棒 2
书

小贴士
拾来的落叶要立刻夹在书里哦

落叶经过一段时间后会卷曲、变色，因此要将拾来的落叶迅速夹进书里，这样才能做出色彩更鲜艳的风干叶片。

选用不同颜色、不同种类的
落叶，来搭配出自己喜爱的
风格吧。

旧物利用
用身边小物代替花盆

开动发现美的眼睛，把家里闲置多时的日常小物变
成可爱的花盆吧！

果酱瓶

果酱瓶也是我们旧物利用的代表，
不仅可以用来盛放鲜花，还可以用
于水培，左图的例子就是用了陶土
粒来培育水仙花。

罐头盒

这是一个进口食品的罐头盒，非常
可爱。这个盒子比较浅，可以用来
养空气凤梨或者其他多肉植物，因
为考虑到生锈问题，推荐选择需水
量较少的植物。

金属丝杂货

金属丝制的烛台、鸟笼等可谓
是绿植的绝配。在较高的金属
丝制杂货中放入爬藤类绿植，
绿植的藤蔓会渐渐爬上金属
丝，再稍加修剪整理，便是一
番美景了。

磁铁盒

只要去掉盖子并保持透气性，密封
性较好的浅磁铁盒也可用作栽培植
物的容器，比较适合养空气凤梨等
不需要太多照料的植物。

一次性纸杯

越来越有设计感的一次性纸杯，非
常适合用来培育小型绿植，将它们
放在厨房，能够增添许多生机。但
由于一次性纸杯耐水性不高，因此
最好在纸杯里垫上塑料杯子。

鸡蛋撑子

正好可以放入一个鸡蛋的鸡蛋撑
子，放起植物来也是超萌的。只需
垫上水苔，就可以变成空气凤梨或
者其他多肉植物的家啦！

果冻杯

果冻杯的种类很多，有金属制的，
也有玻璃制的，将数个果冻杯摆成
一排，种上微型绿植，可是超可爱
的哦！而金属制的果冻杯，和复古
风的房间超级配的。

开放式纸包装

买绿植时自带的塑料盆太不美观，但是又不知道怎样换盆，那就干脆找张喜欢的纸，把它包起来吧。如果是表面包了蜡、有防水性的纸更好，浇水时淋到一些水也不用担心了。最后再系上一段麻绳，就更多了几分文艺的感觉了。

鸟巢

稻草编制的鸟巢配上佛珠等垂吊植物，再一起挂到高处，便会散发出阵阵自然的气息。非常推荐在杂货店做装饰用哦！

油漆桶

喜欢DIY的读者，对油漆桶一定不会陌生。一些设计比较简洁的油漆桶是可以直接用来做花盆的。照片里的油漆桶是2.5升装的。

咖啡滤杯

过滤咖啡用的小杯子底部有排水孔，实际上是很好的花盆材料。快把那些用了很久、开始变色的咖啡滤杯改造成颇具特色的小花盆吧！

玻璃茶壶

只要在周身通透的玻璃茶壶里放入绿植，便可打造出一个微型的玻璃培养箱了。照片中壶底铺的是陶粒，搭配了多肉植物。还可以用小石子、空气凤梨等，尽情搭配出一个微型的小世界。

封面案例！
奶酪盒子

奶酪盒子外部通常是由薄木板制成的，去除奶酪盒里面的垫纸，在里面加一层，再搭配永生花和多肉植物，一个超美的绿植盘就做好了。

制作方法

1 根据奶酪盘的大小剪取大小合适的薄木片。

2 将薄木片如图制成环状，放在奶酪盒内，并调整其高度。

3 在套好薄木片的奶酪盒内垫入塑料袋。

4 在盒内放入海绵，用竹签在海绵上扎出适当大小的洞，最后将植物插种在其中。

第 2 章

30分钟
搞定手工杂货

在这一章里，我们要一起做一些可以让家里变得
更有格调的家居小物。市面上卖的商品总有一些
不合心意，那不如自己设计，自己动手，做出自
己最满意的作品吧！

光影交错之美
百褶的魅力

制作时间
30分钟

再利用材料

这次我们要做的是一个套在玻璃花瓶或空瓶子外的纸艺。这次用的纸比较特殊，是质地较硬的窗纸。阳光透过窗纸，变得更加柔和，整个窗台都立刻多了几分柔美的感觉。且这种设计低调典雅，可以应用在各种风格的房间中。

制作方法

1 用裁纸刀裁下适量窗纸。高度大概比搭配使用的玻璃瓶高2~3厘米，长度大概为玻璃瓶周长的1.5倍。

2 将裁好的窗纸在横格笔记纸上对齐铺好，并用胶带如图固定。

3 用尺子对着窗纸下的笔记本横线，如图用剪刀在窗纸上划出痕迹。之后要按照这些划痕折叠窗纸，因此千万不要歪斜。 小贴士

4 将窗纸从笔记纸上取下，在窗纸左右两侧的边向内7毫米左右各画一条直线，并向内弯折压实。

5 将折好边的窗纸沿之前画好的痕迹，正反来回弯折。

6 窗纸折好之后，将其试着围在瓶子外侧，并调整窗纸的大小。调整好后，用胶带将窗纸的头尾黏合固定即完成。

材料

窗纸： 在家居装饰店或网上可以买到
玻璃瓶或塑料空瓶

道具

胶带 2
尺子： 30厘米以上 3
笔记本： 推荐选择横线距离为7毫米左右的笔记本
剪刀
双面胶

右页照片中的植物

（从左至右）洋牡丹　小白菊
千日红（白色）　芸豆枝叶

小贴士
利用笔记横线画出笔直的线

纸艺的折线越笔直，做出的百褶样式越美丽。本次7毫米的设计完成之后，可以挑战更宽的设计哦！

将做好的百褶纸罩在花瓶外
侧，放在窗台上，就可以享
受柔和的光影之美了。推荐
选用高花瓶，这样更可以凸
显百褶的细腻优雅。

超萌调皮小果子
白雪松塔花环

这次我们不用纸和布，而用纯天然的松塔来制作一个花环。只要在松塔上涂上一点儿白色，再搭配上一些糖果做点缀，一个满溢着节日气息的松塔花环就做好了。

制作时间
30分钟

可作礼物

孩子也可以参与制作

制作方法

1 用丙烯颜料将松塔的外侧涂成白色并晾干，打造积雪的感觉。

2 把羊眼螺丝拧入松塔的底部。 小贴士1

3 按照步骤2，制作多个带有羊眼螺丝的松塔后，用麻绳穿起来。注意每穿一个松塔，都要在羊眼螺丝上打一个结，以防松塔滑动。 小贴士2

4 将准备好的糖果用小段胶带贴在麻绳上。

材料

松塔 1
糖果： 要选用有可爱包装纸的小糖果
白色丙烯颜料
羊眼螺丝： 可以在建材市场或网上买到 2
麻绳： 中号。本次使用条纹图案的麻绳 3

道具

剪刀
可去除胶带
毛笔

小贴士1
其实很简单！
将羊眼螺丝拧入松塔底部时，按照垂直方向拧进去就可以，其实很简单。

小贴士2
别忘了打结哦！
将麻绳穿入羊眼螺丝后，一定要记得打结，否则松塔会滑来滑去不听话哦！

到了秋季，公园里到处可见
落下来的松塔。如果找不到
的话，花店也可以买到哦！

超小绿植也能带来大大的快乐

超迷你多肉球

制作时间
20分钟

可作礼物

怎样才能让多肉植物的砍头苗看起来更美观呢？这次我们要把这些小苗包裹在水苔中，让它们慢慢地生根、长大。因此这次的手工不只是个装饰，还是自家繁殖多肉植物的一种方法。盛放砍头苗的容器从勺子到小碟子到贝壳都是可以的，可以按照自己的喜好自由变换哦！

制作方法

1 取适量干燥的水苔浸泡在水中，直到水苔恢复柔软。

2 用泡好的水苔将多肉植物的底端包裹起来，大概包成一粒葡萄大小即可。小贴士

3 用铝丝将包好的水苔缠绕五六圈固定好。缠绕铝丝时，要来回交叉缠绕，才能更好地将水苔固定成一个球状。

4 将凸出铝丝外的水苔剪掉，并调整水苔的形状，形成球状。

照料方法

当多肉植物叶片表面出现轻微细纹时再浇水也可以。浇水次数过多会导致植物根系腐烂，将干燥的水苔浸到水里充分湿润即可。

材料

多肉植物砍头苗： 可以是自己的多肉植物，也可以买多肉植物砍头苗组合，大小为5厘米左右
干燥水苔： 可以在园艺店买到 ◀1
细铝丝： 小商店有售 ◀2

道具

剪刀
盛放多肉植物的容器

右页照片中的植物

（P33 从左前方开始顺时针依次为）
姬红花月 火祭 两个乙女心

小 贴 士
砍头苗一个月左右就可以生根哦！

多肉植物的砍头苗在水苔中也可以生根长大哦。多肉植物长大后，不能再用作家居装饰时，可剪断铝丝，将多肉植物移栽到花盆中继续栽培。

枝条的光影之美
自然风麻绳玻璃瓶

制作时间
30分钟

再利用材料

这次我们要对红酒瓶的空瓶进行装饰，为窗台增添一份宁静的美好。与之相应的植物，我们选择桉树枝、橄榄枝或其他应季的枝条。我们还可以通过调节麻绳圈的高度来变换花瓶的样式。

制作方法

1. 从瓶子下缘开始到一定高度贴好双面胶。贴的时候要注意水平贴，每贴好一圈要剪断，再贴下一圈，要紧密，注意不要留有空隙，但也不要重叠。

2. 贴好双面胶后，将棉绳一圈圈贴到双面胶上。贴的时候要尽量让棉绳保持水平。第一圈棉绳的顶端要用第二圈棉绳盖住（这面作为花瓶的背面）。 小贴士

3. 将有双面胶的部分都贴好棉绳后剪断棉绳，注意棉绳最末端也要在花瓶的背面，如图。棉绳的最末端用强力胶粘好。

材料

红酒空瓶
棉绳： 选择颜色较自然的棉绳，这次选用的是4毫米的棉绳
吊牌、邮戳： 只做装饰用

道具

双面胶： 推荐使用强力双面胶
强力胶
剪刀

小 贴 士
一切的"不完美"都藏在背面吧
棉绳的起点和终点都要放在花瓶的背面，终点要用强力胶粘好，防止脱落。

可以使用不同样式的酒瓶，
也可以通过缠绕棉绳的高度
来调节样式，还可以在花瓶
下垫东西来调节高度。

品味鲜花沉淀成干花的过程
尤加利枝条相框

这次我们要用充满异国风情的尤加利枝条来制作相框。新鲜的尤加利枝条有着独特的淡淡芳香，随着叶片水分渐渐蒸发，尤加利会渐渐变成静谧的干花，这一过程也是十分值得玩味的。

制作时间
30分钟

可作礼物

阴凉处

制作方法

1 截取10厘米左右的尤加利枝条。

2 用热熔胶将截取的枝条固定在相框上，每个枝条固定一处即可，且尽量用尤加利枝条将热熔胶挡住。尤加利枝条在渐渐干枯的过程中会垂下来，因此在固定新鲜的尤加利枝条时，就要将其向下垂的方向固定。 小贴士

3 注意热熔胶容易产生胶丝，不要让胶丝粘到相框上。

4 固定好尤加利枝条后，取数个杉果，粘在尤加利枝条上。可以粘在尤加利枝条的切口处，或者粘有热熔胶的地方，使整个相框更美观。注意杉果不要都朝向同一个方向，这样看起来更自然。

材料

尤加利枝条：小叶品种
风干杉果
塑料相框：本次选用的是L形，明信片大小的相框

道具

热熔胶枪 3
剪刀

小贴士
注意尤加利枝条的方向

尤加利枝条在渐渐干枯的过程中会垂向下方，因此在固定枝条时，就要将其向下垂的方向固定，这样才可以使尤加利枝条在风干的整个过程中一直保持美丽。

尤加利相框满溢着异国乡村
感，安静美丽，很适合摆放
在小柜子或小架子上。

使用再生素材营造出简单的复古感
牛仔布花盆袋

制作时间
30分

再利用材料

将沉睡在衣柜底的牛仔布拿出来做出潮流样式。已经不合身的衣服的下摆或者袖口都可以用来做花盆的套子。牛仔裤的标签也可以重新利用起来作为一个点睛之笔，没有标签时，还可以自己制作哦！

制作方法

1 把牛仔布的裤脚剪成足够放得下花盆的长度。松松垮垮的样式比较可爱，所以剪的时候长一些、宽大一些的尺寸比较好哦！

2 把布料翻过来，以一端切口为基准缝成袋状。缝完后翻到正面，整理成筒状。将伸出来的线脚折回去，抚平。 小贴士

3 将花盆套上边的部分（牛仔布裤角）适当地折回一部分。

4 用剩下的牛仔布做一个标签。剪出一个小长方形（照片中的标签7厘米×5厘米），将切口周围的线头扯开，做成刘海状。

5 把步骤4做好的标签贴在花盆套上，将四角缝上，或者用胶水粘住。摘掉牛仔布上原来的牌子标签，一起贴在花盆套上也会很可爱哟！

※将底端有漏水口的花盆放进花盆套里的时候，为了防止浇花时弄湿花盆套，最好在花盆下放置接水的小器皿。

※重点：抚平伸出的线角很重要。折成筒状时凸出来的线角，在内侧要注意内折的方式，整理好以防出现褶皱。

材料

穿旧的牛仔布料：裤子的下摆或者是衬衫的袖子之类的，利用其筒状的部分 1

牛仔上的标签：有的话最好 2

道具

手工用胶水
针
线
布料剪刀
安全别针

右页照片中的植物

从左至右：姬红花月　日出

小贴士
花盆袋的内侧要平整哦

制作时，裤子的走线和内角一定会有一些凸起，这时要尽量将这些凸起铺得平整，这样才能让花盆更稳定。

买来的绿植无须更换花盆，直接放进牛仔布袋里就会有满满的美感。牛仔布料无须过多修饰，甚至破旧一点儿，更可以营造出复古的感觉。

极简原始风
空气凤梨瀑布

制作时间
20分钟

阴凉处

这次我们要用近年来大热的空气凤梨做一个家居装饰。老人须是一种常见的空气凤梨，它呈浅青色，周身覆盖着白色丝绒，长长垂下宛如瀑布，因此也被称为空气凤梨瀑布。空气凤梨不需要太多照料，很适合放在卧室或搭在衣架上，满满的文艺气息哦！

制作方法

1 将老人须分成两份，挂在衣架上。

2 选取一种不同于老人须的空气凤梨，用作老人须的点缀。用铝丝轻轻缠绕空气凤梨两圈左右，最后制成一个2~3厘米的环，挂在衣架上并调整好位置。可以选用一棵大的空气凤梨，也可以选用两棵小的空气凤梨，可根据自己的喜好搭配组合。 小贴士

3 最后调整老人须的位置和角度，让整个空气凤梨组合看起来更加平衡、自然。

空气凤梨的日常照料

老人须的管理较为简单，其耐旱性强，其叶片可以吸收空气中的水分。将组合好的植株置于通风良好处，每周两次用喷雾稍微喷湿空气凤梨即可，喷水时间选择傍晚或夜晚较好。

材料

老人须

老人须之外的空气凤梨：选取3种小型或中型的空气凤梨。本次选用的种类为美杜莎、小蝴蝶、黄精灵

细铝丝

道具

剪刀

钳子

衣架：推荐使用设计简单的衣架 ▣

小 贴 士
挂取容易

因为空气凤梨是用铝丝挂在衣架上的，因此摘下来也很容易。照料养护以及替换植株都很简单。

只需将组合好的空气凤梨挂在墙上、门上或衣架上，就可以为房间增添满满的文艺气息。

不一样的立体画
绿植挂画

这次我们要用叶片做一幅挂画，与之前不同的是这次我们要做的是立体的挂画，让人不由自主地将目光集中到这里。叶片的更换也很简单，一个充满现代感的艺术品就这样诞生了。再将大小不同的画框搭配挂在墙上，便可轻松营造出北欧风情哦！

 制作时间
30分钟

 可作礼物

 阴凉处

制作方法

1 将相框的玻璃取下。截取与相框大小相同的软木板，替换相框的底板纸。也可以用白色的丙烯颜料在软木板上淡淡地涂一层白色。

2 如图，剪取8毫米厚的圆形软木栓，注意安全，不要伤到手。

3 如图，剪取比步骤2的软木栓大一圈的硬纸板，并剪取硬纸板的四角，以防接下来要将其粘到叶片上时戳伤叶片。

4 将硬纸板用双面胶粘在叶片的背面，再将软木栓粘在硬纸板上，最后再将图钉用强力胶粘在软木栓上。 小贴士1

5 步骤4的强力胶完全风干后，将叶片钉在相框上。 小贴士2

材料

软木板
叶片材料：可选用风干叶片 **1**
图钉
红酒瓶盖等软木栓 **2**
硬纸板：可以用空箱子
相框

道具

强力胶
双面胶
裁纸刀或水果刀

右页照片中的植物

（P43从左上方开始顺时针依次为）
常青藤（2幅）　波斯蕨　鲨鱼叶

小 贴 士 1
画框主角的粘贴方法
按照硬纸板、软木栓和图钉的顺序，将材料粘在叶片的背面。从正面检查，不要让硬纸板、软木板栓图钉露出来。

小 贴 士 2
更立体的叶片，
更真实的自然
叶片下的软木栓能够将叶片托起，比起直接将叶片粘贴在相框上真实得多。可以让叶片盖住一部分相框，让绿植相框更加自然。

要注意绿植与相框的搭配，
不同的组合会带来完全不同
的美感。

绝不失败的小技巧
9个超简单的
手绘花盆

在简单的花盆上画上喜欢的图案，制作自己专属的独特花盆。

小香菜

街景

黑底白图案的别致设计，要先将花盆涂成黑色，再用颜料画出建筑图案。三角房顶的小矮房和长方形的高楼搭配起来更带质感哦！

 制作方法 01 → P46

森林

用简单的线条勾画出松树的轮廓，比起我们经常画的圆圆的树冠，这种棱角分明的树更增添了一丝高冷的感觉。

 制作方法 02 → P47

随性线条

条纹是我们生活中最常见的设计，但想画出等间隔的条纹图案，却是有很大难度的。因此不如直接使用不规则间隔设计，既简单又不乏设计感。

 制作方法 01 → P46

马克杯

设计极简的马克杯，花盆上大量的留白，更可以突出简易风设计。马克杯可以画在稍微偏上的位置，这样看起来重心更稳。

 制作方法 01 → P46

三角装饰

在盆口画一圈三角装饰，从各个角度看起来都充满华丽的设计感哦！有规律排列的图案，让人看了心情超好哦！

 制作方法 02 → P47

蜜糖藤

黄金薄荷

叶片

叶片图案可以营造出清新的自然风，是深受园艺爱好者喜爱的设计。

 制作方法 03 →→ P47

三角花环

三角花环是改自于三角装饰的设计。先在花盆上画出一条弧线，然后如图，沿着弧线画出三角形。弧线的不同倾斜角度，会带来不同的美感哦！

 制作方法 02 →→ P47

抽象树

充分发挥手绘的特色，用优雅柔和的线条和细腻的点点，完成一棵美丽的手绘树。也可购买喜欢的描画卡描画图案。

制作方法 03 →→ P47

气球

在花盆上画出不同图案的气球，并在气球下面画一条笔直的线，仿佛可以感受到气球向上的力量哦！可以根据自己的喜好，调节气球的数量、花纹甚至形状。

试一试吧！ →→

 制作方法 03 →→ P47

即便是看起来很简单的图案，一旦实际操作起来，要控制实物大小的比例分配和保证制作时的协调感却是意外地难。这里就简单介绍一下绝不会失败的三种画图方式。这里用到的所有的材料和道具都很便宜，所以放轻松，一起尝试一下吧！

制作方法 01 # 使用胶带

所有的花盆都可以做成稳重百搭的条纹风哦！
使用手边的胶带，给它缠上漂亮的线条吧！

材料

水彩画具
胶带

如果常年放在室外的话需要耐水性好的颜料

1
贴上胶带

想涂色的地方空出来，其余地方贴上胶带。尤其是准备涂色部分的两侧，胶带要紧紧契合地贴好。

小技巧 因为花盆是有弧度的，所以胶带如果太粗的话会产生凸起的褶皱。5毫米左右宽度的胶带最为适宜。

2
上色

给空出来的地方上色。胶带上即使不小心被涂上一点儿颜色也没有关系。

小技巧 水彩不要涂得太厚。涂得太厚的话，撕掉胶带的时候颜料也有可能会顺带着一起被撕掉。

3
撕掉胶带

在颜料半干的情况下撕掉胶带。

小技巧 想要最后呈现出的条纹形状足够完美，对时间的掌握是很重要的。如果等颜料全部干了再去撕胶带，可能会连带着颜料一起撕掉，呈现出残缺的条纹形状。

用海绵绘图

只需要一次次轻轻地按压，就算第一次制作也可以毫无压力。有时比起随意性较强、随手按出的图案，排列整齐的设计常常会给人一种考究的感觉。

材料

水彩画具
合成树脂海绵

洗碗或清洁用的海绵即可

1 剪裁海绵的形状

剪出自己喜欢的形状、大小。不要太软，紧致的合成树脂海绵为宜。

小技巧 切的时候使用裁纸刀或者水果刀，这样可以切割出平整的切面。

2 蘸上颜料按压

在小盘子上挤上颜料，将海绵整个底部蘸上颜料按压在花盆上。

小技巧 三角形的三个尖角处不容易上色，所以为了呈现出完美的三角图案，记得要稍稍用力按压。

自由涂鸦

享受自由设计的创意涂鸦。
但是即使再简单的图案也不可掉以轻心。
成功的秘诀就是先用铅笔打底。

材料

笔【油性笔，耐水性强，不透明】

对画画没有自信的人可以使用模型作画

能在塑料上作画的笔即可

1 事前打底

用铅笔轻轻地画出轮廓

小技巧 图的大小和设计，当你实际去操作的时候可以发现很多值得注意的地方。用铅笔慢慢勾画出轮廓并进行调整。

2 进行正式的描摹

慢慢地一步一步用油性笔进行描摹。

小技巧 打底的铅笔印迹不擦掉也没关系。因为油性笔比较粗，可以覆盖在上面遮住铅笔的痕迹。

第 3 章

1小时
搞定手工杂货

这一章我们要精心完成四种细致的手工，专心享受制作手工杂货的过程。素材仍然是我们日常生活中的物品，经过我们的细心制作，一定可以做出自己心仪的手工杂货。掌握手工技巧之后，速度也有可能变快哦！

充满爱意的小圆球
满天星蓬蓬球

圆圆的样子是不是看起来很可爱呢？不管是井然有序的、自然的，还是别致的房间样式，都可以与轻盈的蓬蓬球轻而易举地搭配起来。挂在窗边、床边，或是吊在大的架子上都是很好的选择。

用白色以外的颜色制作也会非常可爱。根据季节变换或者摆放用途，可以试着变换一下满天星花的颜色！

将满天星蓬蓬球放在玻璃托盘上，更能显示出满天星花的纤细精致。再在蓬蓬球上加一个玻璃罩，在防尘的同时，还可以营造出浪漫的艺术感哦！

将做好的蓬蓬球用细麻绳串起来，随意挂在柜子或桌子上，就可以给简单的家具增添几分灵动感。

材料 　**满天星干花**：使用三束大捧的满天星，一束大概 　　**道具** 　剪刀
　　　　　　为网球大小 ①　　　　　　　　　　　　　　　　　刀
　　　　　　干花专用的泡沫海绵 ②
　　　　　　细铝线

制作方法

1 将满天星剪成小的
　花穗状

将满天星茎秆部分剪掉3~4厘米，
做成小的花穗状。

2 用刀将放置干花的
　泡沫切成小块

将放置干花的泡沫切成如图大小的
小块。切海绵时，要像切豆腐一
样，垂直切入。

3 做一个吊起来的时
　候穿线用的环

用细铝线做一个环，插进泡沫里。
一直插入到只露出环状，再把另一
侧穿出来的部分剪掉，剩下约1厘
米。把露出的部分折进泡沫海绵里
藏起来。

满天星DIY复古干花

如果你手边有满天星鲜花，也可以试着挑战一下DIY制作满天星干花。

用绳子把满天星的茎底部系在一起，在通风良好的窗边吊挂两周左右即可。因为跟鲜花比，干花的分量会少一些，所以想制作美丽的干花的秘诀就是增加鲜花的分量。

4 将满天星的花穗插在泡沫中

将满天星的花穗插满泡沫的一面。从泡沫面的内角开始插花，以大概3毫米的间隔将其余的部分插满，最好能做到上方无空隙。

5 插完一面之后检查是否有空隙

插完一面之后检查是否有空隙，是否有插得过于密集的地方，有空隙的地方继续再插一些花穗。其余5面也如此完成。

6 将花穗尖端整理成球状

插完所有面后，用剪刀将不规则的部分剪去，变成球状。确认整体形状，待其剪成球状后便完成了。注意不要剪的过多，否则会使球状变得过小。

普通收纳盒升级为水晶鲜花盒
鲜花叶片水晶盒

亚克力或塑料盒子透明度高，可以一眼看到盒子里的物品，近年来越来越受欢迎。因为外观清新、可爱，尤其受到女孩子的喜爱。

制作时间
50分钟

可作礼物

阴凉处

这次的制作重点是要将鲜花或者叶片规整地排列，并在盒盖边缘粘上一圈装饰胶带，可以让整体的设计感更加突出。

选择可以叠放的盒子，既规整，又可以省出很多空间哦！

海绵粉扑放在鲜花盒里，化妆棉
放在叶片盒里，这样分门别类地
摆放收纳更方便哦！

材料　永生花或干花、假花的花瓣或叶片：P55照片中从左至右分别为永生叶片、风干叶片和假花花瓣。

有盖塑料盒子

0.5厘米宽双面胶 ②

宽约5~8厘米的蝴蝶结或装饰胶带 ③

塑料薄片：无色

道具　直尺

笔

剪刀

制作方法

1 测量盒盖内圈尺寸

测量盒盖内圈尺寸（即除去盒盖厚度的尺寸）。将盒盖取下，测量其内侧的长、宽、高。

2 剪取盒盖内圈尺寸大小的塑料薄板

按照盒盖内圈尺寸，在塑料薄板上画出一张正好可以放入盒盖中的塑料薄板。随后在画出的轮廓4条边上各画出一个高约0.5厘米的长方形。最后用剪刀将画好的内圈尺寸与长方形整体剪下。

3 用剪刀制作折痕

如图，利用直尺，用剪刀划出内圈尺寸的塑料薄板的4条边，制成折痕。注意，既要划出折痕，又不能彻底将薄板划开，因此要注意力度。4条边的划痕都做好后，将4条边上的长方形向内弯折，并将其放入盒盖，测试尺寸是否合适。

小提示

发掘生活中的素材

这次手工的素材绝不仅限于永生花等，只要不是很厚的纸，都可以作为这次手工的素材。可以发挥想象力，使用自己喜爱的素材哦！

美丽的种子袋

只要是园艺爱好者，一定都见过这种漂亮的种子包装袋。种子包装袋薄厚适中，操作起来非常简便，是很好的素材哦！

可爱的邮票

到古董店买一些外国邮票，或者将自己珍藏的邮票作为素材，也是很棒的哦！

4　用双面胶粘合素材

决定好叶片的排列后，便将叶片贴在薄板上，整张薄板上大概贴2~3行。贴好双面胶后，将叶片规整地粘在双面胶上。

5　将薄板嵌入盒盖

在盒盖4个面的边缘都贴好双面胶，但先不要将胶纸取下。将步骤3做好的塑料薄板嵌入盒盖。之后取下双面胶的胶纸，将薄板4条边的长方形粘在盒盖内部的4个侧面上。注意，每个侧面逐个进行，操作起来更容易。

6　粘蝴蝶结或装饰胶带

在盒盖的外边贴上装饰胶带。这样既美观，又可以盖住步骤5中的双面胶痕迹，也可以使用蝴蝶结、彩带等。

北欧工艺绿植装饰
吊框空气凤梨

🕐 制作时间
40分钟

😊 孩子也可以参与制作

🏠 阴凉处

这次我们要用铝丝和吸管来仿制芬兰的传统工艺，制作空气凤梨吊框。一个个吊框悬挂在空中，既空灵又不需太多照料，实为北欧风家居装饰的不二之选。

不同颜色和花纹的吸管会带来完全不同的美感。制作出来的吊框不一定都要吊挂起来，将吊框随意摆在柜子或桌子上，也是别有一番韵味的。

因为吊框由吸管和铝丝制成，因此可以直接给空气凤梨喷水，省去了很多照料上的麻烦。

吊挂起来的吊框会时不时微微
晃动，营造出宁静的感觉。且
吊框中有用来盛空气凤梨的铝
丝框架，因此完全不用担心空
气凤梨会掉下来。

材料　　吸管：20厘米吸管4支；长吸管6支 **1**
　　　　细铝丝：直径0.7毫米以下 **2**
　　　　鱼线：需要吊挂时准备即可

道具　　直尺
　　　　剪刀
　　　　小钳子

照片中的空气凤梨

（P59由上至下）**贝可力　霸王**
福果

制作方法（以P59最下方案例尺寸为例）

1　剪切吸管与铝丝

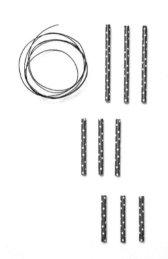

将吸管剪为9.5~10厘米（大）3根，7厘米（中）3根，5.5厘米（小）3根，共计9根。并剪取约1.5米长的铝丝。

2　用铝丝穿过吸管

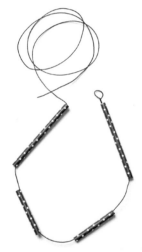

将铝丝的起点弯折成一个圆环，既是用来悬挂的挂钩，又可以防止制作过程中，吸管从铝丝起点滑落。接着将吸管从铝丝的另一端穿过，共穿4根，顺序为（大）（小）（小）（大）。4根吸管都紧密穿好后，将铝丝在刚做好的圆环下绕一圈，固定好。

3　增加吸管数量，完成框架制作

将步骤 2 中固定好的铝丝穿过吸管，吸管排列顺序为（大）（小）。吸管紧密穿好后，将铝丝在图中标记处缠绕固定好。

吸管制作的框架，可以直接浇水哦

虽然空气凤梨的照料很简单，但仍然要有规律地给空气凤梨浇水。因为本次使用的素材是防水的吸管，因此无须取下空气凤梨，即可直接喷水。浇水或喷水推荐在空气凤梨呼吸作用较强的傍晚或夜间进行。

喷水

每周2~3次，用喷壶将空气凤梨整体喷湿。注意湿度高的季节可减少喷水次数。

泡水

每个月1~2次将空气凤梨在水中浸泡4小时左右。同样，湿度高的季节要避免泡水。

4 将铝丝穿过（小）吸管

将步骤3中固定好的铝丝从（小）吸管的下侧穿入，从另一端，即图中标有★的位置穿出。

5 制作3条横边

将步骤4穿出的铝丝再穿入一个吸管（中），并在图中标有★的位置上固定好。按照同样方法制作出剩下的两条横边，制成三角形支撑。如此，用吸管制成的九边形吊框就做好了。

6 制作空气凤梨盛台

将余下铝线如图缠绕在吊框的三条横边上。最后剪去多余的铝丝，这次手工就完成了。

出入都有笑脸相迎
粉笔房间牌

制作时间
60分钟

可作礼物

这次我们要制作一个超有存在感的房间牌。我们可以用粉笔在上面写字或画画，一种精致的手工艺感会即刻被呈现出来。可以和家人一起制作，做好之后一起商讨要挂的地方，可谓一桩乐事。

铭牌一定要手写，手写的粗糙字体会让房间牌手工感更加浓郁。

风干材料颜色柔和沉稳，
和任何家居搭配起来都很
协调。适当添加一点儿调
料干货，更有一番趣味。

材料　风干水果片：
本次为橘子、橙子  1
八角 2
肉桂棒 3
软木塞 4
粉笔
黑板色颜料
棉绳：1.5米左右 5
手工塑料环：直径为3.5厘米左右

道具　裁纸刀
木用强力胶
毛笔

制作方法

1 给木制铭牌涂色

用颜料将木制黑板涂成黑色。根据铭牌形状，可以将铭牌的边缘和背面也涂色。注意，因为铭牌的背面可能要与墙面或门面剐蹭，因此不建议涂背面。

2 软木塞的事前准备

在软木塞的正反两面各刻一道2毫米左右深的痕迹，这样在之后的步骤中用棉线吊挂时就不会出现移位的情况。

3 橙子和肉桂的事前准备

在橙子果干的上部和下部各扎一个孔，用来穿棉线。取长肉桂棒两根，组成一组，还有7~8厘米的短肉桂棒两根，组成一组，并用木用强力胶将两组肉桂棒分别粘好。

对自己的手写体没有自信？没关系！

黑板最大的魅力就在于写上文字后还可以擦掉重写。挑战一下手写体装饰最好了，可是万一实在对自己的手写体没有自信，也可以到杂货店淘一些好用的宝贝哦！

DIY感足足的数字铁牌

想要营造足足的DIY感，非常推荐数字铁牌和粉笔字哦！

字母贴纸

可以选择自己喜欢的字母贴纸组合出想要的单词哦！

---

4 将棉绳挂在圆环上

如图，将棉线固定在圆环上。注意，这里一定要系紧，以便之后挂其他挂饰。

5 将素材系在棉绳上

将准备好的素材按照喜欢的顺序依次挂在棉绳上。注意，在穿橙子的时候，棉绳要从橙子的背面穿过，这样更加美观。而挂软木塞时，要嵌入之前刻的凹槽中，这样不仅可以固定软木塞，还可以防止棉绳凸出顶住墙面，导致整个挂饰翘起。

6 把棉绳粘在铭牌上

将两根棉绳粘在木制铭牌的背面，木用强力胶彻底风干后，再用胶带在上面再粘一层。这样棉绳就固定住了。最后将棉绳打结，即完成整个手工。

第 4 章

挑战一下！
应季手作家居装饰

在这一章里，让我们一边享受手作的乐趣，一边营造不同季节的独特气氛吧！本章的手作都需要一点儿时间来完成，但是完成之后的喜悦却是无穷无尽的。手作的配饰、颜色、大小等都可以按照自己的喜好调整哦！

会生长的装饰
铁丝网框上的
常青藤树

这一次我们要巧用收纳用的铁网格，将常青藤附在上面，再加以装饰，
制成一棵会生长的圣诞树。

制作时间
90分钟

孩子也可以参与制作

用麻绳或胶带将收到的贺卡和
装饰物固定在常青藤的周围。

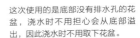

这次使用的是底部没有排水孔的花
盆，浇水时不用担心会从底部溢
出，因此浇水时不用取下花盆。

在装饰物的选择上，推荐尽量选择色系一致、稍微大一点儿的物品会更好看。

材料 | **收纳用金属网**：此次需要40厘米×50厘米尺寸
常青藤：一般的盆栽植物，藤蔓30厘米左右比较长的类型
花盆套：配合植物大小的尺寸，轻质、不易撕坏的质地。底部没有洞，并且底部松紧收缩的类型 ◀1
星星形状的装饰物 ◀2
其他的装饰物件或者迷你卡片 ◀3
绳：松紧绳3~4米 ◀4
细的金属线

道具 | 剪刀
尖嘴钳

照片中的植物 | 常青藤

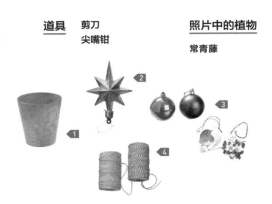

制作方法

1 把花盆系在金属网上

将金属网立在墙边，用两股线将花盆固定在金属网最下端略上的位置。为防止之后花盆掉落，要将绳紧紧系住。

2 用绳固定住顶端的星星

将装饰用的星星固定在金属网中间最上的位置。用细金属线扭住，固定其余的装饰物。将余下的金属线剪掉，注意不要受伤，将剩下的部分的尖端折向内部。

3 将绳子展开，做成树的轮廓

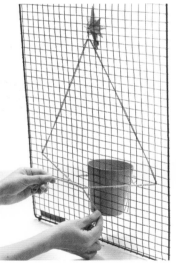

将绳子分成两股，剪出比想要的树的大小略长的尺寸。将绳子的中心部分穿到在金属网反面，然后伸到正面向两个底端方向伸直。通过左右两角后再穿到金属网背面，最后在花盆套后面系一个结。

使常青藤保持元气的秘诀

常青藤生命力很强，平日里即便疏于管理也没关系，但是在圣诞节时，一定希望常青藤树可以更有活力一些，现在我们来看几个让常青藤生长得更好的小技巧。

不喜欢被阳光直射的品种

比如带斑品种（照片品种为银边常青藤），暴露在阳光中过久的话就会失去元气。所以在买入时要注意，并且不要放在被阳光直射的地方。

不要浇水过多

三天一次的频率，使土壤保持适当的湿润，并注意盆底不要存水。

---

4 把常青藤的藤蔓固定成树形

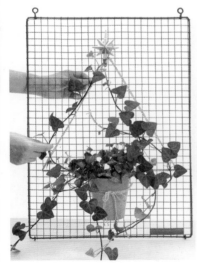

把常青藤放入花盆套里，将藤蔓折成三角形，并用剪短的金属线以5~10厘米的间隔固定住。剩余的藤蔓填充在三角形中，固定在中间位置。尽量做成没有空隙的形状好。

5 做S形挂钩，挂其余装饰物

将金属线切成3~5厘米长，并弯成S形。做出来的S形挂钩用来将装饰物挂在金属网上。注意整体布局，将这些装饰物填充在叶子比较少的部分，这样的话就可以在不伤害常青藤的前提下装饰作品。

6 再装饰上迷你卡片的话，整个作品就会变得更加丰满

如果将迷你卡片穿上绳子，装饰在树形周围的话，整个画面就会变得更加热闹。朋友赠送的卡片也可以挂在上面进行装饰。切成小段的装饰胶布，也可以直接贴在金属网上进行装饰哦！

小花盆的便利收纳
多肉植物
收纳盒

每次将花盆中的小型植物搬出去晒太阳的时候，都是一件很麻烦的事情。可是只要有了这个收纳盒，就可以一次性将花盆统一搬出，而且作为日常生活中的室内摆设小物件也具有极强的存在感哦！

制作时间
120分钟

可作礼物

再利用材料

可以利用鞋盒和家里不用的布料。

材料

装鞋的空盒子：装皮鞋或运动鞋的纸盒子
贴在纸盒子上的布：所需大小参照【制作方法】
贴在花盆支架上的布：比纸盒子内部尺寸大一圈即可
皮革材质的带子：宽约两厘米
塑料纸板：大小为40厘米×30厘米
类似墙纸材质的纸张
大小为90厘米×45厘米
图钉：4个

道具

剪刀
裁布的剪刀
裁纸刀
黏着剂
双面胶
胶带
圆珠笔
透明胶
钻子
构图所需的杯子和花盆：直径为
5.5厘米、6.5厘米、7.3厘米三种

制作方法

1 给空纸盒贴布之前的准备

空纸盒的内测和外侧的上沿一周，4个侧面的左右两边（共4条），还有底面的4条边，分别都贴上双面胶。紧接着裁剪纸盒子所用的布，长度为盒子的周长 + 3 厘米，高度为纸盒的高度 ×3，将布包裹好纸盒之后，在最后多出的 3 厘米长度的边缘贴上双面胶（此部位暂且称之为布的"耳朵"）。

左页照片中的多肉植物

纸盒外（从左开始顺时针依次为）：吉娃娃 莲花掌 火祭；纸盒内（从上方开始顺时针依次为）：白牡丹 黑法师 弯凤玉 静夜

2 给纸盒贴上布匹

布的中央竖着用笔画一条水平线，将纸盒的边缘对应着那条线，把盒子边缘的双面胶撕掉并涂上黏着剂紧密地贴好。最后在终点位置把"耳朵"固定好（详情请参照步骤 1）。最后将布折过来覆盖在纸盒的内侧和底部，用胶带粘好。

3 用纸盒的盖子做底板

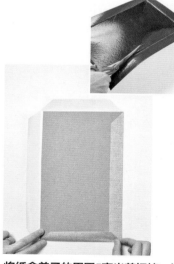

将纸盒盖子的周围5毫米剪切掉，做成一个能塞进纸盒大小的纸板。拿出比纸板大一圈的墙纸，粘贴在纸板上，做整个纸盒的底板。这样多少也能防水一点儿，减少污渍。

布匹的选择虽然是根据个人喜好来定，但是如果选择有规律的花纹的话，剪裁的时候会避免剪歪，会简单很多。

各种各样的多肉植物排列在一起的画面让人赏心悦目。不过这个收纳盒可不防水哦，所以浇水的时候还是要小心哦！

4 在纸盒的底部贴上墙纸

将之前已经剪裁变小的墙纸贴在纸盒的底部。步骤 2 中纸盒的底部已经粘上封口纸胶，所以只需将墙纸直接覆盖粘贴在上面即可。沿着边缘一点点慢慢贴，这样可以避免产生褶皱。

5 制作纸盒内部的花盆支架

塑料纸板的长宽为纸盒子内部大小的长宽 + 纸盒的高度，剪裁好后，再在纸板的 4 个角剪出一个边长为纸盒高度 ×0.5 厘米大小的正方形。放花盆的洞就借用纸杯底部，画好后，再把中间抠掉。洞与洞之间要保持 1 厘米以上的距离，挖孔时更要慎重。

6 将布匹贴在花盆支架上

布的大小要比花盆支架的一圈多出2.5 厘米，剪裁好后帖服地贴在蘸满黏着剂的花盆支架上。纸板的反面 4 条边缘贴上双面胶，将周围多出来的布折起贴好。

简单！多肉植物繁殖的方法

很简单的方法就可以使多肉植物进行繁殖，这是多肉植物的魅力之一。这里就介绍两个一般的繁殖方法。尤其是在气候宜人的春天或者秋天最有效果。

用一片叶子即可繁殖的
【叶插法】

将叶子放在干燥的土壤中，即可生根发芽。生长中掉落的叶子也可以哦！但是在长出根之前禁止浇水哦！

通过修剪枝丫即可繁殖的
【茎插法】

从多肉植物上剪下枝条，放在阴暗的通风口晾数日，等到切口愈合晾干，再插入土中。同样的，在根长出之前，禁止浇水。

7 给布匹钻洞

在黏着剂完全干了之后，将圆内侧留下一圈 1 厘米宽的布，其余的都可以裁剪掉。剩下的布以 1 厘米为间隔剪开，往花盆支架的内侧折起，并用透明胶带贴好，形成一个漂亮的洞口。

8 给花盆支架的内测也贴上墙纸

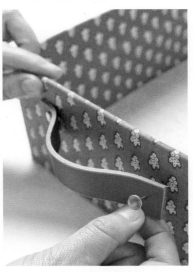

花盆支架的背面，贴上剪裁之后比支架尺寸小一圈的墙纸，这样就可以隐藏住反面透明胶带处理过的痕迹。这样支架的两面就都完成了。最后将侧面折起，立在纸盒子的中间。

9 安上皮革带子的把手，收纳盒完成！

准备好两个长12厘米的皮革带子，分别在距离两端1.5厘米的地方用钻子打个小洞。因为要把把手钉在纸盒子上，所以纸盒子上也需要在对应的位置上钻两个小洞，两个小洞间隔大约为9.5厘米，高度就根据自己来定，最后再用图钉固定住。

享受四季
——精致花环

SPRING
春之花环

淡粉色花环

制作时间 **40分钟**
制作方法 **P80**

用代表春天的粉色和充满生机的
绿色交替呈现，满目尽是春日的
可爱灵动。花草的搭配是这个手
作中非常重要的一部分，完美地
将鲜花和枝条的小枝杈隐藏起
来，也需要一定技巧哦！

SUMMER
夏之花环

拉菲草纸与
水果干花环

制作时间 **40分钟**
制作方法 **P82**

拉菲草纸和水果干都给人清爽凉快的感觉，将
拉菲草纸缠绕在花环上做底色，再在上面装饰
上水果干，一个清爽的夏日花环就制成了。这
个手作还很适合和孩子一起完成，在说说笑笑
中把拉菲草纸缠在花环上，讨论水果干应该点
缀在哪里，也是很值得享受的过程。

AUTUMN

秋之花环

果实之秋

制作时间 **40分钟**
制作方法 **P84**

这个花环我们要选取暖色系素材
进行制作，只要将素材搭配绑好
倒挂起来就可以了。我们会特别
介绍用毛线或者包装丝带制作暖
洋洋蝴蝶结的方法哦！

WINTER

冬之花环

为冬日添一抹色彩
的礼物花环

制作时间 **60分钟**
制作方法 **P86**

礼物花环最适合做圣诞节或家庭聚
会时的装饰。做好花环后，再在上
面挂上茸茸的棉花，还有美味的巧
克力与糖果，瞬间满满的节日气氛
就呈现出来啦！

春之花环

制作这个花环，我们要选取花朵较小的永生花，来营造春日的气息。甚至可以尝试着用自己院子里的春花做干花。

材料（按尺寸为直径24厘米左右的成品计算）

永生紫阳花：大朵一枝
永生花的绿叶枝条：一长枝
枝条花环：直径20厘米左右
流苏：家居装饰店有售 ◀1
迷你玻璃瓶：高约4厘米 ◀2
细铝丝
鲜花：玻璃瓶组合用，本次使用的鲜花为三色堇

道具

胶枪 ◀3
剪刀

2 决定素材摆放位置

将花环放在中间，永生花和永生枝条按照如图方式摆放。

制作方法

1 切分永生花

将紫阳花切分为直径4~7厘米的一份，永生枝条切分为7厘米左右长度即可。

3 粘永生枝条

首先用胶枪将永生枝条粘在花环上，热熔胶的量大概为黄豆大小。注意粘枝条时要用重叠的方式，掩盖住上一枝枝条上的热熔胶。

4 粘紫阳花

接下来我们要把紫阳花粘在花环上。方法与枝条粘法相似，需要注意的是要掩盖好热熔胶。

5 固定迷你玻璃瓶

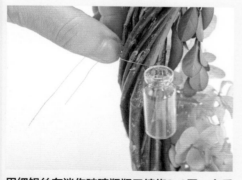

用细铝丝在迷你玻璃瓶瓶口缠绕2~3周，之后将迷你玻璃瓶固定在花环上。选择玻璃瓶位置时，可以想象之后在瓶中放入鲜花时的状态，在想要装饰的位置上固定。注意，要将铝丝隐藏在永生花或枝条中。

6 挂流苏

在粘好永生花和枝条的花环底部挂上流苏。推荐选择与花环色系一致的流苏，这样看起来给人一种清新安稳的感觉。

7 将鲜花插入迷你玻璃瓶中

在固定好的迷你玻璃瓶中装适量水，插入鲜花。更换瓶中的水时要注意不要淋湿花环。

夏之花环

这个花环的原材料可以是废纸，是非常环保的一款花环哦！且这个花环使用的素材都是轻质的，可以在夏季为你带来一丝清爽畅快的感觉。

材料（按尺寸为直径20厘米左右的成品计算）

废纸：B4纸大小，约6张
拉菲草纸适量 **1**
水果干适量 **2**
永生花的绿叶枝条：一长枝
香草叶适量
紫阳花干花适量 **3**
细铝丝

道具

透明胶带
标记胶带
剪刀
钳子

制作方法

1 制作花环本体

将纸揉软，并搓成棒状，如此做6根纸棒。

2 制成花环状

将纸棒的两端相对，用透明胶粘在一起，形成一个环状。如图，接着用一个纸棒盖住粘有透明胶带处，再将纸棒按花环形状粘贴在之前对折好的纸棒上。如此反复，将6根纸棒全部粘到一起。花环本体的粗细尺寸大概为5厘米。

3 卷拉菲草纸

将拉菲草纸卷在做好的花环本体上。卷拉菲草纸时，可以同时用3~4根一起卷，且不要留有空隙，不要露出纸质花环本体。为了防止起点的拉菲草纸松动，可以先用标记胶带粘住（可以参照步骤4的照片）。

4 卷到看不到纸质花环为止

当一条拉菲草纸用完时，可以打一个不起眼的小结，注意，这个结要打在花环的背面。然后另取一条新的拉菲草纸继续卷。

5 挂水果干

将水果干穿在铝丝上，并固定在花环上。也可以事先将水果干组合好，再一起挂到花环上。挂水果干时不要太对称，这样会更有一种自然的美感。

6 香草叶与假花点缀

将香草叶和紫阳花人造花插入水果干下面的拉菲草纸里作为点缀。紫阳花的花球直径约为5~8厘米。

7 制作挂钩

剪取40~50厘米的拉菲草纸，如图，在做好的花环顶端做一个挂钩，用来悬挂花环。

秋之花环

制作这个花环，我们要使用小果实永生花来营造秋日收获的氛围。而毛茸茸的毛线蝴蝶结和礼品丝带则给花环增添了些许不一样的格调。

材料（按尺寸为直径20厘米左右，长为40厘米左右的成品计算）

枝条花环：直径约20厘米
尤加利永生花：黄色，2枝 **1**
小果实永生花：长约40厘米，一束 **1**
礼品丝带：长约70厘米，2根 **2**
粗羊毛线：1厘米，2根 **3**
细铝丝 4

道具

剪刀
园艺剪刀
钳子

1　将永生花扎成束

将风干尤加利枝条和小果实永生花的枝条根部用细铁丝牢牢固定在一起，数量为10枝左右。注意，枝条的方向不要太过一致，根部的长短也不要过度整齐。

2　将永生花束固定在花环上

将铝丝在永生花束的根部缠绕两圈，然后固定在花环上，并剪取多余的铝丝。

3 礼物彩带和羊毛蝴蝶结

取礼物彩带和羊毛线各一根，并组合到一起，如图在步骤 2 中固定好的永生花束的根部打一个结。

4 制作蝴蝶结圈

用余下的毛线和礼物彩带组合，如图做一个圈。

5 制作多个蝴蝶结

将步骤 4 中做的毛线圈直接放在步骤 3 中打好的结上，并用步骤 3 中毛线和彩带组合的两端，即图中标记 ★ 的位置，在步骤 4 做好的毛线圈上面系一个蝴蝶结。

6 调整永生花束根部

最后对永生花束的根部进行修剪，调节其与整个花环的平衡感，即完成了整个花环的制作。但还是要注意，不要过于规整，要稍微参差不齐，才有自然的感觉。

冬之花环

这个花环的制作非常简单，只要将所有的素材用铝丝固定在花环本体上即可。圣诞节时可以将花环上的糖果摘下来和大家一起分享。

材料（按尺寸为直径20~25厘米左右的成品计算）

圣诞花环本体：可以在手工店或网上买到，通常带有仿真柏树枝或杉树枝

风干棉花：只需要棉花朵，不需要枝条，3个 **1**

松果：3个

细棉线：推荐选择与糖果颜色一致的棉线 **2**

细铝丝

※以下的糖果部分，可以根据自己的喜好自由选择，需要注意的是糖果的形状、大小不要完全一致，样式要多变

星星形状巧克力：4个 **3**

方形巧克力：边长约3厘米的巧克力，8~10个

糖果：直径1.5厘米以下的小糖果，8个

道具

标记胶带

剪刀

钳子

制作方法

1 制作挂圈

剪取15~25厘米的棉线，绑在花环的顶端，作为悬挂时的挂圈。

2 在每个素材上都固定铝丝

如图，在棉花、松果和糖果上都固定好铝丝，巧克力之类的平面糖果可以将铝丝用胶带粘在糖果的背面。另外，作为装饰，可以用棉线在方形糖果上绑一个可爱的小蝴蝶结，如图。

3 将棉花固定在花环上

将棉花固定在花环上，三朵棉花要组成一个三角形。要先固定最大的棉花，然后再根据最大的棉花位置安排剩下两朵棉花的位置。棉花的个数方面，奇数要比偶数好安排。

4 将松果和稍大块巧克力固定在花环上

接下来我们要将松果、巧克力等中等大小的装饰品挂在花环上，注意要将巧克力和松果交错排列。另外，注意在固定时要将铝丝绑在花环上，而不是绑在仿真杉树枝或柏树枝上。

5 小糖果散落在花环枝条尖端即可

最后我们要把小糖果都挂在花环上。如图，小糖果可以挂在花环枝条的末端上，可以根据花环的具体情况进行点缀。

6 最后挂起花环就完成啦

最后将步骤 1 中制作的挂圈挂在墙上，一个充满节日气息的花环就做好了。如果花环上的装饰过重，可以选用两条棉线一起做挂圈。除了与糖果一致的颜色，还可以选择金色或银色的棉线，来凸显节日气氛。

给老地方加点儿料
不同房间不同设计

这本书里讲的手工并不一定都要放在特别的位置上，这里就介绍一些将书中的
手作融合到正常生活摆设中的小方法。

钥匙盘里的满天星蓬蓬球

家人的钥匙常被放在鞋柜或者装饰柜上，在柜子上摆放一个小盘子，里面放上可爱的满天星蓬蓬球，立刻营造出家的温暖感觉。

→
P50

玄关

玄关可以说是一个家的门面。一个美丽的玄关可以让客人无意识地对整个房屋增加好感，因此玄关虽小，装饰的意义却很大。

门口的
油漆罐绿植

玄关是穿鞋脱鞋的地方，所以在这里，人的视线一定会扫到地面。用油漆罐给花盆做一个外套，即便是花盆不小心被撞倒，也不用担心花土会撒出来。且油漆罐花盆套制作简便，只需将买来的花直接放到油漆罐里即可。

→
P25

门把手上的
空气凤梨瀑布

只要挂上老人须空气凤梨，普普通通的门把手立刻变身为艺术品。给养在别处的空气凤梨喷水后，也可以挂在门把手上晾干哦！

→
P40

厨房和卫生间

厨房和卫生间都是水较多、生活氛围较强的地方。在这里稍微加以装饰，便可给普通的生活提高些许格调，打造出一个清爽温馨的空间。

磁铁盒里的空气凤梨

如果稍加留意，我们会发现厨房和卫生间有可以吸附磁铁的地方，在磁铁盒里放入空气凤梨或者小首饰，一个墙壁装饰物就做好了。

⟶ P24

洗面台上的香薰瓶

玻璃瓶周身通透，非常适合装饰洗面台，带来干净清凉的感觉，在透明玻璃的映衬下，瓶里的鲜花也是倍加美丽。再加入些许香氛精油，散发丝丝淡淡芳香，就更能打造出美好舒适的空间了。且玻璃瓶不怕水淋，平时生活也无须多顾及，当真是厨房与卫生间的绝配。

⟶ P20

迷你多肉植物球

迷你多肉植物球身型超小，只要极小空间即可安顿好。将迷你多肉植物球放在小碟子里，可爱度也会随着提升一级哦！而且这样也可以省去因浇水时漏水或青苔掉落而需要打扫的麻烦。

⟶ P32

客厅和餐厅

客厅和餐厅是家人休息的地方，也是客人关注的地方。所以一定要怀着一份小激动，把它们装饰成我们心中最美好的样子。

大盘子里的小植物

剪下的常青藤枝条放入水中即可生根。可以将剪下的常青藤盘成花环状，浸在水中，既方便培育，又是别致的装饰。在把常青藤作为礼物装饰送人的时候，一定不要忘了告诉他这个秘密哦！

P8

P54

干花盒子书立

当书架上空出了一些位置，书经常滑倒时，可以用干花盒子来做书立。为了获得更稳定的效果，还可以将干花盒子的盒身用胶固定在书架上。

P6

窗帘装饰自然风磁铁

磁铁不只可被运用在金属制品上，两片磁铁可以在窗帘的正反面配合使用，并在正面的磁铁上加上干货，这样清新的自然风装饰就做好了。根据纽扣、干货的不同，可以营造出不同的氛围，这款设计还超适合孩子的房间哦！

松果"流苏"

只要将松果用棉绳穿起来，就可以替代流苏整理窗帘了。这个小小的装饰，可以让本来平凡无奇的窗帘瞬间变得文艺起来哦！

→ P30

→ P22

吊灯里的风干叶片

风干叶片可以用来装饰吊灯。需要注意的是，要根据灯罩的大小调节叶片的大小。一家人坐在这样的吊灯下聚餐，可以说是秋意浓浓呢！

篮子边缘的
天鹅水晶挂坠

→ P12

天鹅水晶挂坠也可以用在光线不足的地方。只要在水晶挂坠的顶端系上蝴蝶结，挂在篮子、收纳盒、椅子的边缘上，都可以是绝好的装饰哦！

→ P14

用作烛台的鲜花盘子

蜡烛绝对是制造浪漫的不二之选了。整理出一小片空间，摆上点着蜡烛的鲜花盘子，接下来就静静享受这专属于你的浪漫吧。

鸭下文惠

Fumie Kamoshita

手作作家、园艺家

从全职太太的角度出发，提出"谁都可以学会，同时有美丽有格调"的园艺和手作概念。曾任NHK《趣味园艺》节目讲师、西武堂"国际玫瑰与园艺展"设计师，并与众多杂志、报纸合作，同时作为园艺巡回演讲师活跃在园艺界。另外，鸭下文惠还与家居装饰店合作，为产品开发提供建议。

图书在版编目（CIP）数据

萌萌的绿植手作 /（日）鸭下文惠著 ；刘馨宇译. —北京 ：北京美术摄影出版社，2018.8

ISBN 978-7-5592-0134-8

Ⅰ．①萌… Ⅱ．①鸭… ②刘… Ⅲ．①园林植物—手工艺品—制作 Ⅳ．①TS973.5

中国版本图书馆CIP数据核字(2018)第109418号

北京市版权局著作权合同登记号：01-2018-1936

责任编辑：耿苏萌
责任印制：彭军芳

萌萌的绿植手作
MENGMENG DE LÜ-ZHI SHOU-ZUO

［日］鸭下文惠　著

刘馨宇　译

出　版　北京出版集团公司
　　　　北京美术摄影出版社
地　址　北京北三环中路6号
邮　编　100120
网　址　www.bph.com.cn
总发行　北京出版集团公司
发　行　京版北美（北京）文化艺术传媒有限公司
经　销　新华书店
印　刷　鸿博昊天科技有限公司
版印次　2018年8月第1版第1次印刷
开　本　787毫米 × 1092毫米　1/16
印　张　6
字　数　43千字
书　号　ISBN 978-7-5592-0134-8
定　价　39.00元

如有印装质量问题，由本社负责调换
质量监督电话　010-58572393